中小学生金融知识普及丛书·快乐理财系列　总 编　刘福毅

王 萍◎编著

KUAILE LICAI BINGFA
快乐理财兵法

U0229672

中国金融出版社

责任编辑：孔德蕴　戴早红
责任校对：孙　蕊
责任印制：裴　刚

图书在版编目（CIP）数据

快乐理财兵法（Kuaile Licai Bingfa）/ 王萍编著．—北京：中国金融出版社，2012.6

（中小学生金融知识普及丛书·快乐理财系列）

ISBN 978-7-5049-6307-9

Ⅰ．①快…　Ⅱ．①王…　Ⅲ．①财务管理—青年读物②财务管理—少年读物　Ⅳ．① TS976.15-49

中国版本图书馆 CIP 数据核字（2012）第 037358 号

出版
发行　**中国金融出版社**

社址　北京市丰台区益泽路 2 号
市场开发部　（010）63266347，63805472，63439533（传真）
网 上 书 店　http://www.chinafph.com
　　　　　　（010）63286832，63365686（传真）
读者服务部　（010）66070833，62568380
邮编　100071
经销　新华书店
印刷　北京侨友印刷有限公司
尺寸　185 毫米 ×260 毫米
印张　8.5
字数　72 千
版次　2012 年 6 月第 1 版
印次　2012 年 6 月第 1 次印刷
定价　36.00 元
ISBN 978-7-5049-6307-9/F.5867
如出现印装错误本社负责调换　　联系电话（010）63263947

金融教育从娃娃抓起努力

提高全民金融意识

为"中小学生金融知识普及丛书"题

二〇一三年五月　李贵鲜

编委会成员名单

序 言

　　随着我国社会主义市场经济的不断发展，金融日益向社会的每个角落渗透。不但办企业、开公司要存款、贷款、资金结算，个人生活也要经常存款、取款、刷卡消费、贷款买房，有了闲钱还要炒炒股、理理财，开辟一下财源。很明显，金融已经生活化了，生活也金融化了，可以说，现代生活离开金融寸步难行。但是，凡事都有两面性，近年来金融创新层出不穷，令人眼花缭乱，在为经济和社会生活带来极大便利的同时，也把风险带给了人们。作为个人，只有了解金融，具备一定的金融知识，才能趋利避害，真正做到金融为我所用，提高生活质量；作为国家，只有广泛普及金融知识，提高公众的金融素质，加强风险教育，才能维护金融稳定，加快金融发展，进而促进社会和谐。

　　相对于金融发展的要求而言，我国的金融教育仍十分滞后，社会公众接受金融知识的渠道和手段相当匮乏。作为全国人大代表，近年来，我一直呼吁普及金融知识，呼吁从小学生开始加强金融教育。在西方发达国家，20世纪90年代其中小学校就已经开展了金融教育，美国更是把每年的4月作为金融扫盲月，反观我国，至今仅有上海开展了相关普及活动。

　　《中小学生金融知识普及丛书》的问世，令人欣喜，填补了国内中小学生金融知识普及方面的空白。细细读来，我感觉丛书有以下几个突出特点：其一，趣味性。这套丛书图文并茂，大量使用漫画插图、故事性体裁及网络语言，很容易吸引中小学生读者。其二，实践性。丛书用最通俗的语言文字，结合国内金融市场中理财产品的实际情况，介绍了一些常见的理财工具。其三，系统性。丛书内容没有面面俱到，但重点突出，有一个严谨的知识体系，由浅入深、由表及里，在普及理财知识的同时兼顾普及经济金融知识，并且针对不同阶段的学生，内容也有所侧重。其四，启发性。一本好书不仅要把知识灌输给读者，更重要的是要能打开读者思考的闸门。在这方面，丛书无疑作出了很大的努力。

"十年树木，百年树人。"无论是着眼于培育高素质的金融消费者，还是造就合格的金融从业人员，加强对中小学生的金融教育，塑造讲诚信、懂金融、知风险、会理财的当代新人，都是一项利在千秋、居功至伟的事业。这一事业才刚刚起步，任重而道远，希望《中小学生金融知识普及丛书》能够帮助中小学生逐步了解和积累金融常识，树立正确的风险意识和价值观念，也希望有更多的像《中小学生金融知识普及丛书》一样优秀的图书问世，为普及金融知识、加强公众金融教育添砖加瓦。

中国人民银行济南分行行长

杨子强

前　言

　　理财需要计谋，理财更需要与人合作和建立广泛的人脉，理财不仅仅是投资，还需要不断地克服人性的弱点，用理智和创意获得成功。

　　《三十六计》和《孙子兵法》这两部奇书，是老祖宗留下来的行兵作战的战略精华，不过区区几百字，却汇集了古人的智谋，计计相扣，术中有术。它们不仅仅是用兵作战的宝典，在商战、为人、处世、政治交往中也都发挥了非凡的指导作用。这两部书的智慧也处处闪现在生活的理财中。在《快乐理财兵法》这本书中，这两部书的兵法计谋也得到了一些运用。通过阅读这部书，孩子们将学习到理财的运用。希望他们能借此机会，学到一些《孙子兵法》和《三十六计》的知识。

　　如今的社会，人们往往被快速发财和一夜暴富所诱惑，被无数的所谓专家所蒙蔽，被无数或真或假的信息所误导，盲目的冲动，疯狂的贪婪，最终却一无所获，这些教训都值得我们深思。理财不仅能让我们变得更加富有，更重要的是让我们生活得更快乐。

　　本书是《中小学生金融知识普及丛书·快乐理财系列》的第三册，是对理财技巧的练兵。让我们跟随后三国中那几个好学的孩子的脚步，一起走入理财的迷宫，在斗争与合作中发现理财的真谛，在寻找理财密码和打开财富宝藏的同时，识破理财的陷阱，让你变得越来越睿智。事实上，带给我们困扰的往往不是理财市场的纷繁复杂，而是我们自己的弱点和贪婪。

大家认识一下吧

（本书共涉及主要人物 7 位）

曹小操

大乔可乐阿姨

关小羽

刘小备

V

小乔老师

张小飞

诸葛小亮

引言　理财迷宫的诱惑

楔子

见到了爸爸妈妈，刘小备他们开心地扑到父母的怀中，争着和父母谈自己在理财乐园的收获和学到的知识，还有对父母的思念，不离开家不知道家的温暖，不学习理财不知道父母养育自己的不易。

"老爸，我明白你当年多么的不容易了。"刘小备似乎长大了许多。"妈咪，你以前炒股的方法是不对滴！"张小飞这小子总是愣头青，关小羽、诸葛小亮也不停地叽叽喳喳，说个没完，爸爸妈妈都有一个共同的感觉，孩子们长大了，变得懂事了。

直到开完家长会，他们的情绪才稍稍平静下来，刘备握着小乔老

师的手说："小乔老师，谢谢你和你的理财乐园，让孩子们学到了这么多的理财知识，让他们对钱有了真正的认识，也明白了我们当父母的苦心和不易。"

"小乔老师，我好喜欢这个乐园，我好想留在这里呢！"关小羽又开始舍不得走了。"是啊，是啊，假期还没结束，我们再回乐园玩一次吧！这次我可不会让他们觉得我啥也不懂了。"张小飞说的他们不知道具体指谁。

"同学们，理财乐园教会了你们理财的知识，但真正的应用要靠实践，可不能只是纸上谈兵，夸夸其谈。如果你们对自己有信心，你们何不去理财迷宫一展身手，试试你们的本领呢？"小乔老师带着几分挑战和期待地看着他们，伸手指向湖中心的一座小岛。

"什么？迷宫吗？听起来好有挑战性，我喜欢，在哪里啊？"张

小飞一下子瞪圆了眼睛抓着小乔老师的袖子摇晃着。

"那是一个充满智慧的地方，迷宫里有宝藏和理财秘籍，据说找到秘籍你就会拥有找到财富的本领，但打开宝藏需要十三张牌，而要找到这十三张牌需要不断地闯关，克服困难，那不仅需要勇气，还需要知识，有时还需要一点运气哦……"

"哇呀呀，我选择我喜欢，Let's Go。"张小飞还没等听完呢，就拉着刘小备向迷宫方向跑去了。

"可是，我……"诸葛小亮尚有几分犹豫。"你什么啊你，总不成你这个梦想家不要光梦想家了吧！你是我们的军师呢，少了你怎么成？"关小羽急忙拖着诸葛小亮的胳膊就追了上去。

"等一等，我的话还没说完呢，诸葛小亮，你既然是他们的军

师，我得送你件宝贝给你出谋划策用啊！"小乔老师追上他们，递给诸葛小亮一样东西——一把小巧玲珑、做工精细的扇子。

第一章

一罐可乐引发的难题

人要学会认清自己，先知己才能知彼

第一章　一罐可乐引发的难题

　　离乐园不远的地方，就是传说中的理财迷宫，只见一个湖心小岛，远远看去并不起眼，但仔细看来却是层层叠叠，内有洞天，按"金木水火土"五行分布，依"乾坤震艮离坎兑巽"八卦设局，只有一架独木小桥横跨两岸，仅容一人通过。

　　四人停下了脚步，互相对视了一下，眼神中充满了兴奋和期待，性急的张小飞忍不住抢先一步，"让我小张先过。"

　　话音刚落，却听旁边的树林中传来了一声冷哼，"你算老几，我

还没说过呢！"随着声音，走出了一个头发高耸，满身名牌，表情冷漠，眼睛斜睨着四人，不可一世模样的小子。

"敢问同学，你怎么称呼啊？"刘小备打了个招呼，"我爸是曹操，你们几个懂什么？也敢来迷宫寻宝？真是自不量力！"没正面回答刘小备的提问，先抬出了老爸的名头，一顿挖苦。"原来你就是江湖中人称徘徊在牛A和牛C之间的最狂富二代曹小操同学啊？"

"哼，知道就好，这桥可是我爸捐钱修的，我不先走，难道你们好意思先走吗？"似乎没听出刘小备语气中的挖苦暗示，曹小操昂着头，不屑地猛地推开了张小飞，走上了桥。

"你，你，没礼貌的家伙。"张小飞一个趔趄差点摔倒，挽起袖子便要理论，关小羽急忙拉住了他。

"小乔老师说过,冲动是魔鬼,我们是为学习理财而来,要学会克制,就让他先走好了。"诸葛小亮搬出了小乔老师,张小飞只好气呼呼地跺了一脚不吭声了。

四人鱼贯过桥,太阳像个火球一样悬在正中,林中的蝉鸣更让人心烦,加上刚才的争执,四人闷闷不乐地沉默着。"真想痛快地喝碗

冰水啊!"张小飞舔了舔干裂的嘴唇说道。

"最好是可乐加冰,越凉越好。"尽管是望梅止渴,其他三个还是附和着。

"卖可乐了,加冰的可乐,乐园可乐又甜又解渴。"不知从何处响起了清脆的叫卖声,这声音不亚于最动听的音乐,四人一下子来了劲儿,拔腿就向对岸冲去。

"怎么卖的啊？多少钱？大婶。"张小飞恨不得先抢过来喝一口。

那位卖可乐的被称为大婶显然有些太年轻了，虽然穿着朴素，但眉目之间总让人觉得有几分熟悉的感觉："两元一罐，两个空罐可以换一罐。"她不紧不慢地说着，笑眯眯的样子和蔼可亲。

四人忙翻口袋拿钱，却又都愣在了那里，原来他们习惯于处处花销都是父母付款，身上从来没有带钱的习惯，怪不得连抢先过桥的富二代曹小操也愣在那里呢。

"没钱是吧？算了，我请你们喝可乐吧，不过你们得先回答我一个问题，很简单的。请听题，如何用六元钱买到六罐可乐？如果能算出来，可乐我请了，算不出来，你们该去哪里就去哪里吧！"可乐大婶

出了一道题目。

两元一罐，两个空罐换一罐，六元钱只能买到三罐，剩下三个空罐只能换一罐可乐，最多只能有五罐，怎么可能买到六罐呢？五个人

都傻眼了。

"有没有搞错啊？卖可乐的，这怎么可能？你肯定是在故意刁难我，你知道我爸是谁吗？"曹小操又开始拿他爹来要横了。

"你爹是谁我不管，人知道自己是谁才是最重要的，要是答不上来，别说喝可乐了，你们连迷宫的大门也找不到。"不卑不亢的态度

可乐大婶语录：人知道自己是谁才是最重要的。

人知道自己是谁才是最重要的

让曹小操一时语塞，这个时候他爹也不管用了。

没想到可乐大婶的口才还超好，可是到底如何才能用六元钱喝到六罐可乐呢？那不成了一元钱一罐了吗？可明明是两元钱一罐的啊？不合逻辑啊！看来还真不能小看这位其貌不扬的可乐大婶呢？

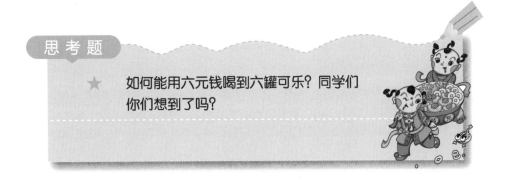

思 考 题

★ 如何能用六元钱喝到六罐可乐？同学们你们想到了吗？

第二章

他山之石，可以攻玉

合作出效益，团结产生力量

第二章　他山之石，可以攻玉

合作出效益，团结产生力量

"真纠结啊，这是什么问题啊？难不成找刘谦变魔术变出一罐来？"刘小备挠着头说道。

想了半天，又热又渴的四人还是没有想出答案，眼看快到嘴的冰可乐喝不着，四人也有几分急躁了。正午的阳光分外炎热，诸葛小亮不停地挥着小乔老师送的"军师扇"，却驱赶不了几分热气。

"军师啊，小乔老师肯定早知道我们会这样受热，所以提前准备了扇子吧！"关小羽无精打采地说道。

"不对啊，我记得小乔老师说送件宝贝让我用来出谋划策，也就

是说……"诸葛小亮脑中灵光一闪，拿起扇子仔细端详了起来。只见扇柄上一颗像宝石一样的按钮，诸葛小亮轻轻一按，扇子亮了起来，出现了一个屏幕，哇！原来这扇子竟和一台小型电脑一样，屏幕的对话框中，小乔老师的头像还在闪烁呢！

小乔老师，可乐大婶的问题难住我们了！Help! Help!

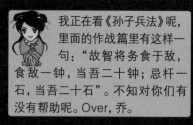

我正在看《孙子兵法》呢，里面的作战篇里有这样一句："故智将务食于敌，食敌一钟，当吾二十钟；忌秆一石，当吾二十石"。不知对你们有没有帮助呢。Over, 乔。

"Oh My God！可乐大婶的问题小乔老师肯定能搞定。亲爱的可乐，我爱死你了。"张小飞舔了舔干裂的嘴唇迫不及待地把头埋在扇子的屏幕上。

"小乔老师，可乐大婶的问题难住我们了！Help！Help！"诸葛小亮敲上这句话，四个人八只眼睛直直盯着扇子等待结果，远处曹小操也停止了怨天尤人的咒骂，掏出手机，将同样的难题用短信发了出去，不过收信人是他老爸——三庄（地下钱庄、股市恶庄、江湖黑

庄）集团的庄主曹操。

"我正在看《孙子兵法》呢，里面的作战篇里有这样一句'故智将务食于敌，食敌一钟，当吾二十钟；忌杆一石，当吾二十石'。不知对你们有没有帮助呢，Over，乔。"屏幕上打出这样一行字。

"老师啊，你就别和我们文绉绉的了，我们都用火星文了，您还用文言文。"张小飞都快哭了，在学校里他可是最不愿意学文言文的了。

"这句话翻译过来的意思就是：明智的将军，一定要在敌国解决粮草，从敌国搞到一钟的粮食，就相当于从本国起运时的二十钟，在当地取得饲料一石，就相当于从本国起运时的二十石。也就是说……"诸葛小亮望向可乐大婶若有所思。

"也就是说'他山之石，可以攻玉'喽！"刘小备脑子一闪，也想到了答案。

"快说啊！到底是什么，哇呀呀，急死我了。"张小飞简直快抓狂了。

"哈哈，答案就是我们去向可乐大婶借块'石头'来解决这个难题喽！"刘小备故意卖着关子，拉着诸葛小亮就向可乐大婶跑去。

"什么啊？借石头干吗？你们不哥们儿，想急死我。"张小飞边喊边追了上去。

"大婶，你能借给我们一个空可乐罐吗？"

"呵呵，你们这些聪明的孩子，不用借了，快来喝可乐吧！"

一番狂饮，透心凉的可乐驱散了炎热，张小飞一边嗝着气，一边不停地催诸葛小亮快讲原因。

诸葛小亮无暇回答，拿了根树枝在地上写了以下三个公式：

6元钱＝3罐可乐；

3罐可乐＝1罐可乐+1个空罐；

1罐可乐+1个空罐＝1罐可乐；

借入1个空罐+剩下的空罐＝1罐可乐，喝完后还掉空罐。

"哇呀呀，3+1+1+1＝6，这么简单啊，我怎么就没想到呢！"
张小飞一拍脑门。

"他山之石，可以攻玉"，理财要借用别人的智慧和财力，达成自己的目标。

"故智将务食于敌，食敌一钟，当吾二十钟；忌杆一石，当吾二十石"。理财要学会借东风。

下次出门记得借诸葛亮的小扇子，理财没有扇子是不行滴。

无中能生有，只要有个好爸爸，碰到问题也不怕。

不要以为空罐没用就扔掉，借用别人一个就可能会产生价值，理财中的合作是非常重要的。

曹小操不知何时也走了过来，先抢过可乐喝了一大口，冷冷地对可乐大婶哼了一句："什么破问题，这么简单还想难住我，我老爸，不对，是我早想到了，这一计叫做无中生有，也叫做空手套白狼，拿你一个空罐再还你一个空罐，事情就搞定了。"

不要以为空罐没用就扔掉，借用别人一个，就会产生价值，理财中的合作可以达成目标，善于合作的人才是会理财的人。

可乐大婶没有理会曹小操，依然笑眯眯地对他们说："孩子们，好好记下你们的感想，你们向前走，按照箭头的方向就能找到迷宫的大门了，祝你们好运，千万记住不要忘记东西啊，我们不久就会再见面的。"可乐大婶提醒了一句便收工了。

"真啰唆。"曹小操嘟囔了一句，用狂草风格写下了"无中能生有，只要有个好爸爸，碰到问题也不怕。"

刘小备认认真真地写下了这样一句话，"'他山之石，可以攻玉'，理财要借用别人的智慧和财力，达成自己的目标。"

诸葛小亮当然是最喜欢《孙子兵法》那句话了，"'故智将务食于敌，食敌一钟，当吾二十钟；忌杆一石，当吾二十石'。最后又加

关小羽语录：不要以为空罐没用就扔掉，借用别人一个，就会产生价值，理财中的合作可以达成目标，善于合作的人才是会理财的人。

了一句，理财要学会借东风。"

张小飞写的则就简单得多了："下次出门记得借诸葛小亮的扇子，理财没有扇子是不行滴。"

关小羽写道："不要以为空罐没用就扔掉，借用别人一个就可能会产生价值，理财中的合作是非常重要的。"

思 考 题

★ 1. 同学们，你们知道"他山之石，可以攻玉"是什么意思吗？

★ 2. 从解决这个问题的思路上，大家学会了理财中合作的重要性了吗？

第三章

财富能治什么病？

理财要对症下药

第三章　财富能治什么病？

按照可乐大婶的指示图，他们五人向乐园迷宫走去，只是曹小操依然是"光杆司令"。

迷宫的大门很快就到了，可是大门紧闭着，只见门上题了一副奇怪的对联，上联是"二三四五"，下联是"六七八九"，横批是"南北"。这是什么意思呢？五个人百思不得其解。

"我想，是不是进入迷宫的一个机关呢？"因为在乐园有过读对联的经历，所以刘小备若有所思。

"嗯，我看也像，可到底是什么呢？这个对联说明了什么意思呢？"关小羽咬着指头，皱着眉头思考着。

张小飞可耐不住性子，上去对着大门一脚，"咣"，大门却纹丝不动，只见张小飞抱着脚"哎哟、哎哟"地跌坐在地上了。

曹小操一边喃喃地骂着天气的炎热，一边后悔自己的决定了，要不是因为小乔老师表扬刘小备他们，自己不服气非要和他们一决高下才来到迷宫，现在也只好硬着头皮撑下去了。

远远有个人向这边走来，近前一看，又是可乐大婶，五人忙迎了上去。

"你说可乐是白送我的啊，是不是又后悔了来要钱啊？"曹小操有点小人之心，所以先发制人。

"阿姨，你一定是来帮我们的吧！你连地图都有，肯定知道进门的奥秘吧！"诸葛小亮嘴巴可真甜，一转眼，大婶变成阿姨了。

"你们这些小机灵鬼，帮你们可以，不过我可不能白帮你们，我可以给你们点提示，你们进去后可得帮我办件事情。光嘴甜，我可不吃这一套！"可乐大婶，不对，应该是可乐阿姨笑嘻嘻地说道。

"当然喽，反正车到山前必有路，先进去再说，要不在这里快晒成肉干了。"张小飞瘸着脚忙凑了上来。

"你们知道财富多了能治什么病吗？"

"财富能治病，还是第一次听说呢！"张小飞瞪大了眼睛。

"我知道，财富能治穷病。"诸葛小亮反应就是快。

"算你聪明，这副对联的答案就是——穷。"可乐阿姨不紧不慢地抛出了答案。

"穷，为什么？"五个人问了出来。

　　"你们看上联下联横批，分别缺了什么，才让人觉得奇怪的。"可乐阿姨指向门口。

　　噢！五个人恍然大悟。

　　"上联缺一（谐音缺衣），下联少十（少食）。"

　　"横批没有东西。"曹小操不甘示弱地忙接了一句。

　　"呵呵，这副对联就是缺衣少食，没有东西，当然是穷喽，我早就提醒过你们，走的时候不要忘记东西啊！你们不好好听，跑得比兔子还快！是怕我反悔追你们要钱啊？"可乐阿姨开起了玩笑。

　　看来跟着可乐阿姨还得学着听弦外之音呢，随着声音，迷宫的大门缓缓地打开了，五个人一阵欢呼，按捺不住好奇像箭一样冲了进去，曹小操刚喊出"我先来"，已被他们四个推挤在一边，只好气呼呼地也冲了进来。

　　哇！一进迷宫，他们都眼花缭乱了，完全不是他们想象的那样，

机关重重，阴森恐怖。迷宫里面既像一个游乐园，又像一个浓缩的小社会，商铺、剧院、学校、邮局，甚至还有铁轨和小火车呢，简直太神奇了。

思 考 题

★ 1. 奇怪的对联你们猜到了吗？

★ 2. 财富能治的病是什么病啊？

第三章 财富能治什么病？

第四章
卖给光头乐队的梳子

创新是获取财富的关键

第四章　卖给光头乐队的梳子

创新是获取财富的关键

"哎！你们别光跑，不要忘记答应我的，要帮我做一件事情啊。"可乐阿姨看他们又要跑忙喊道。

一听这话，刘小备他们马上停了下来，可曹小操却像没听见一样继续往里走着，还掏出个手机假装打着电话。

"放心吧，我们是君子一言，十匹马都难追，是什么事呢？"张小飞嘴也贫上了。

"我这边有很漂亮的梳子，一直想卖给那边剧场的乐队里的人，你们帮我推销给他们，赚到的钱可以送给你们，你们可以在乐园里消

费，没有这些钱你们恐怕再没有免费的可乐喝喽！"

"那还等什么，我们快去吧！这可是我们赚到的第一桶金呢，好多富翁都是从第一桶金开始创业之路的。"刘小备信心满满的。

"赚钱？可乐！"曹小操其实一直在偷听他们的谈话呢，一听到这些话，马上冲了过来。

"哈哈，可乐阿姨，您说要我帮您做什么来着？"曹小操无比热情地用上了笑里藏刀的一招。

"卖梳子是吧？那个乐队的美女们我都很熟呢，这点小事都交给

我吧，哇，剧院怎么起火了！"曹小操夸张地惊叫了一声。

等刘小备他们回头看的工夫，曹小操猛地抢走梳子跑开了。

"啊！""卑鄙！""可恶！"张小飞他们捋起袖子要去抢回来。

"这小子，还真会声东击西呢，不用急，他自己会回来的。"可乐阿姨一点都不着急。

还真让可乐阿姨说中了，没过十分钟，曹小操气急败坏地跑了回来，狠狠地把梳子扔在了地下："你骗我，那个乐队的人全是光头的男人，名字就叫光头乐队。"

"哎哟哟，你好厉害啊，原来你熟悉的美女都是男的噢！"关小羽开心得不得了。

"切，甭理他，我们既然答应了可乐阿姨，就要想办法做到，可是这个问题好难啊，光头乐队怎么会用梳子呢？"刘小备也觉得这个问题颇为棘手。

是啊，如何把梳子卖给光头乐队呢?

四个人皱着眉头，讨论一会，争执一会，却实在想不出好办法，大家目光又转向了军师诸葛小亮，更确切地说，是转向了他手中的扇子。

诸葛小亮明白大家的心思，打开扇子，只见屏幕上打出了这样一

行字：

"我刚刚学到《孙子兵法·九变》这一篇，有这样一句话'是故智者之虑，必杂于利害，杂于利而务可信也，杂于害而患可解也。是故屈诸侯者以害，役诸侯者以业，趋诸侯者以利。'我觉得这句话理

解透了，会在不利的条件下找到有利的因素。小乔。"

"诸葛小亮，快把这文言文翻译成火星文吧，我觉得火星文都比文言文好学，我真是搞不明白。"张小飞看得脑袋直发懵。

"据我所知，这句话的意思就是，智慧的将帅考虑问题，必须把利与害一起考虑。在考虑不利条件时，同时考虑有利条件，事情就能顺利；在看到有利因素的同时考虑到不利因素，祸患就可以解除。因

此，用难事去使敌人屈服，用复杂的事去使敌人穷于应付，以利益为钓饵引诱敌国疲于奔命。"诸葛小亮不愧是智多星，边思考边慢慢地解释道。

"切，我有办法了，来，我们这样分工……"刘小备压低了声音策划了起来，任凭曹小操拉长了耳朵也没听到，只好悄悄地跟在他们

后面来到了剧院。

剧院中人山人海，疯狂的音乐中夹杂着一片欢闹声，他们分头行动，刘小备去找到乐队的队长，他拿出梳子告诉队长，这种梳子是要用来梳头皮的，可以活络血脉，有益健康，而且买一些放在剧院中，那些来玩的美女头发乱了肯定会梳一下，一定能体会到剧院的细节服务的，队长一听有理，马上买了5把。

诸葛小亮找到的是乐队的首席，他说乐队有这么多粉丝，我们要是把梳子签上乐队的名字送给他们，他们一定会很珍惜，而且会对乐

队更铁的，首席一听也对，马上订了100把。诸葛小亮马上把这个好消息告诉了可乐阿姨。

曹小操恨不得把自己分成四块，以便跟踪，看到他们成功地把梳子推销出去，气得直跺脚，原来梳子推销给光头的人也没什么难的啊。正生气呢，忽然看到张小飞和关小羽吵了起来，他高兴地跑过

去，老爸教过，这叫隔岸观火。

原来还是为了梳子，张小飞和关小羽正在展开梳子降价大赛呢，只见他们俩一个面红，一个脸黑，一会你便宜五毛，一会我又降价一块，吸引了剧院里所有人的注意，当然更包括乐队里的人。两人吵吵嚷嚷，最后还是关小羽的梳子比张小飞的更便宜，气得张小飞黑着脸甩手就走了，关小羽则收到了一大堆的订单，尤其是乐队的人，几乎

《孙子兵法·九变》：是故智者之虑，必杂于利害，杂于利而务可信也，杂于害而患可解也。是故屈诸侯者以害，役诸侯者以业，趋诸侯者以利。同学们，知道是什么意思了吗？

人手一梳呢。

曹小操正高兴他们起了内讧呢，幸灾乐祸地跟出门来，一看傻眼了，他们四个人正击掌庆祝呢，原来这是他们演的双簧计呢！

理所当然的结局是，他们不但有了一笔不小的"进账"，还和乐队的人都成了好朋友呢！不过曹小操是有点不高兴了，气呼呼地一个人走开了，这就是题外话了。

《孙子兵法·九变》：是故智者之虑，必杂于利害，杂于利而务可信也，杂于害而患可解也。是故屈诸侯者以害，役诸侯者以业，趋诸侯者以利。同学们，知道是什么意思了吗？

思考题

★ 1. 同学们，你们知道刘小备他们成功营销梳子的关键在哪里吗？

★ 2. 成功地把梳子卖给光头乐队，大家从中学到什么理财的哲理了吗？

第五章
为鹅开一个账户

学会积累第一桶金

第五章 为鹅开一个账户

这次，他们自觉地在日记上记录下自己的心得，分别是："《孙子兵法》中说最不利的情形下也会有机会。""团结就是力量，创意是理财的一个重要方面。""斗争也是一种获取财富的技巧。""三个小财迷，胜过诸葛小亮。"当然喽！也有这样写的："有什么了不起，顺手牵羊也能达到目的。"具体是谁写的，我想大家肯定能猜得出来。

最让他们兴奋不已的还是可乐阿姨给他们的一大笔钞票，蘸着唾

沫数了半天，张小飞才数清楚，整整一万块呢。"哇呀呀，额滴神额，一万块啊，我干脆留下来帮可乐阿姨卖梳子得了。"

"切，才一万块你就晕菜了，告诉你吧，等我们学到了理财秘籍，这一万块连个零头都算不上。"刘小备憧憬着。

"哎哟哟，看来赚钱真的要学习啊，让我也数一遍试试感觉。"关小羽从张小飞怀里抢了过来。

"不行，你弄丢了怎么办？我力气大，还是由我来保管比较好。"张小飞又抢了回来。

"你们别争了，这些钱怎么处理呢？"还是诸葛小亮清醒。

"我们吃好东西吧！""买个游戏卡。""我们也全买成名牌，气气那个他爹是曹操的。"他们叽叽喳喳地想出了N种方案。

只见诸葛小亮只是笑着摇头，眼睛眨来眨去。"快说，你又有什么主意，军师大人。"经历过这几次事情之后，诸葛小亮真成了他们的潜在领袖。

"据我所知，钱花掉就没有了，可是理财却会让它越变越多，越变越多，就像一只会下金蛋的鹅一样，会给我们带来越来越多的财富。"诸葛小亮的语调着重重复了一下。

"什么？鹅，比喻得很对啊，鹅生蛋，蛋生鹅，可乐阿姨说过这是我们的第一桶金呢，将来会变成无数桶金，不对，无数只鹅。"刘小备也强调了一下。

"我想我们还是先去银行开个账户存上，以免丢失或者被偷，然

鹅生蛋　蛋生鹅

后再仔细地研究如何理财吧。"诸葛小亮也有点不放心地斜睨了跟在
后面的曹小操一眼。

　　来到迷宫的银行，他们突然感觉自己像大人了，拥有了属于自己
的银行账户，那种感觉真的好像自己已经独立了一样。

　　银行里很多人在排队，他们转来转去，正不知如何是好呢，忽
然，一个熟悉的身影吸引了他们的目光，竟然又是可乐阿姨！

　　只见可乐阿姨一身职业装，正微笑着和一个客户说话呢，看到他
们，悄悄打了个手势，示意他们等一下。等客户走了，他们几个连忙
围了上去。

　　为什么每次都会奇怪地遇到可乐阿姨呢？而且每次形象都不太一

样，可乐阿姨到底是做什么的呢？

　　"呵呵，你们奇怪了吧，我是这个银行的理财经理呢！告诉我你们想做什么？"可乐经理俏笑嫣然。

　　"我们要给我们的鹅开个账户。"关小羽还沉浸在"鹅生蛋、蛋生鹅"的幻想中呢。

　　"什么？鹅？"可乐经理诧异地问。

　　等明白了他们的意思，可乐经理被他们逗乐了："你们真的长大了，了不起。"受到如此表扬，他们几个很开心，肯定了自己的正确决定。

　　可乐经理首先拿出一张开户单子让他们填写，其实银行开户很简单，只要出示有效证件，填写一些基本信息就可以了，而且可乐经理还给他们免了卡费和年费，当然不要忘记，为了安全起见，还要设置一个密码，这件事张小飞最喜欢做了，所以他抢上前来，一边哼着"哆–来–咪–发–嗦–啦–西"，一边在键盘上敲上了1234567。

开好银行账户，他们拿到了一张漂亮的银行卡，当然他们也可以选择银行存折，不过这张卡片更漂亮，而且更容易携带，虽然不能随时看到账户里的钱，但有什么关系呢，可乐经理说了，所有的ATM或者致电银行客服热线，都可以清楚地知道所有账目的进出情况，而且还是免费的呢！

思 考 题

★ 1. 同学们，你们知道开立银行账户的手续了吗？

★ 2. 怎么理解第一桶金和会下蛋的鹅之间的关系呢？

第六章
神马都是浮云

计划决定成败

第六章　神马都是浮云

做完这件"大事"，他们四个人兴奋不已，刘小备说："我提议，从现在开始，我们都是有钱人了，我们应该开个财富会议，讨论一下我们的鹅如何变大的问题。"

这个提议得到了大家的一致赞同，会场当然就选在了可乐经理的理财室里，装修漂亮的理财室的墙上挂了很多的图表，书架上摆满了图书，而且诸葛小亮注意到竟然也有一本《孙子兵法》呢，不过让他们意外的是，竟然还有红酒和咖啡呢。

首先，大家争着传看了一下他们的鹅——也就是刚开的银行卡，

张小飞闭着眼回味着刚才数钱的感觉，感慨道："我觉得有钱的感觉真的挺好的，为什么我的父母每次谈到钱都会用那种不屑一顾的表情呢？"

"哎哟哟，是啊，我的父母也从不和我谈钱，可是我觉得我们靠智慧和劳动赚到这些钱，我觉得很开心，而且有了钱，我们可以做

好多的事情呢！快把鹅让我也抱抱。"关小羽也抢过银行卡贴在了脸上，要知道他们还从没收到过这么一大笔的零花钱呢。

"切，这叫'君子爱财，取之有道'。鹅鹅鹅，抬头向天歌，今天到我手，明天变更多。"刘小备诗兴大发了。

"据我所知，《孙子兵法·始计篇》云：'兵者，国之大事，死生之地，存亡之道，不可不察也。故经之以五事，校之以计，而索其情。夫未战而庙算胜者，得算多也；未战而庙算不胜者，得算少也。

多算胜，少算不胜，而况于无算乎？'"

"哇呀呀，不要啰里啰唆了，反正我们都听你的，军师同志，你就直接说我们应该怎么办吧，其实你说的这些文言文我听明白了，意思就是理财，是大事，要认真分析，多去计算，这样才能打胜仗呗！"张小飞忍不住打断了诸葛小亮的话。尽管翻译得不怎么确切，但还真是那么个理儿呢！

"我们在乐园里学到了那么多理财知识，我们不如去实践一下，我们把账户的钱做一个计划，通过投资让鹅变大，然后……"诸葛小亮攥起了拳头："那么……"

"然后，鹅会下很多金蛋，那么我们就成为有钱人，不对，成为有钱的理财大师。"刘小备连忙接上，填起了空。

经过反复地讨论、争辩、计算，他们最后作出了一个"艰难"的决定，5 000元留在银行里，另外的5 000元他们准备试水股市，然后

从股市赚了钱再去投资其他的。虽然在乐园里他们对魏延不太喜欢，但魏延提到钱时那种淡定的语气还是很酷的。

"钱算什么？钱只有在流通的过程中才是钱，否则只是一沓世界上质量最好的废纸。"关小羽模仿着魏延的口气重复着当时他说过的话。

等他们详细制订完投资股市的计划，刘小备说了一句："OK，为了我们合作成功，我们干一杯如何？"这可是电影里经常出现的镜头，他们模仿得还真像那么回事。

"哇，Yeah，为了我们的成功，Cheers。"张小飞当然喜欢。

他们几个拿下柜子里的红酒，不管三七二十一就倒满了杯子，猛地灌了下去，呛得咳了起来，显然第一次喝红酒的他们明显感觉不如

可乐好喝，当然他们也没有注意到电影中的红酒可不是这种喝法。

不一会儿，关小羽的脸更红了，而张小飞的脸却是黑得发红，刘小备施展着凌波微步，双手在半空中乱抓一气，还大喊着："切，怎么有这么多银行卡，我抓，我抓，我抓抓抓，嘿嘿，我们的鹅生小鹅了。""据我所知，不管是鹅还是鸡，只要下蛋就是好滴，这是必须滴。"诸葛小亮话没嘟囔完，就趴桌上沉睡过去了，没多久，理财室里再也听不到吵闹声了。

谁也没有想到，这时候门外一个黑影闪了进来，蹑手蹑脚地从他们身边经过，冷冷地笑了一声，还抛下一句话："哼，鹅嘛，让你们得意，我给你们来个釜底抽薪，让你们煮熟的鹅也会飞。"

时间也不知过了多久，等可乐经理把他们四人喊起来的时候，他们还没从美梦中醒过来呢。伸着懒腰，揉着眼，张小飞还嘟囔着说："别喊我，让梦里的鹅再飞一会吧"。边伸手摸向怀中。

突然，只听他一声惊叫："鹅呢？哎哟哟，在你那里吗？""我明明还给你了啊！"这下子，他们的酒可算是全醒了，翻箱倒柜地找了起来，"完了完了，都怪我，喝什么酒啊！"刘小备抱着头快哭了。

"别急，我先带你们去挂失，只要不被取走，就没事的。"可乐经理安慰着他们，马上来到柜台上。然而，结果非常的糟糕，账户里面已经空空如也，经查询，是从自动取款机上分次取走的。

《孙子兵法·始计篇》云:兵者，国之大事，死生之地，存亡之道，不可不察也。故经之以五事，校之以计，而索其情。夫未战而庙算胜者，得算多也；未战而庙算不胜者，得算少也。多算胜，少算不胜，而况于无算乎？这段话正确的翻译是什么呢？

"看来我们得报案了，马上打110吧，可是小偷怎么这么快就能取走呢，密码是怎么知道的呢？"可乐经理皱着眉头。

"哆－来－咪－发－嗦－啦－西。"大家目光全部转向了张小飞。"呜，我也不知道密码这么重要。"张小飞哇哇大哭了起来。

请输入密码

这下他们可记住了，要想让鹅长大，首先得看好鹅才行啊！这下完蛋了，鹅飞蛋打，神马都变成了浮云。

《孙子兵法》中:兵者，国之大事，死生之地，存亡之道，不可不察也。故经之以五事，校之以计，而索其情。夫未战而庙算胜者，得算多也;未战而庙算不胜者，得算少也。多算胜，少算不胜，而况于无算乎? 这段话正确的翻译是什么呢?

思考题

★ 1. 同学们, 密码在银行账户中有什么作用?

★ 2. 如何保护自己银行账户的安全?

第七章
借只鹅来下蛋

用他人之财来生财

第七章　借只鹅来下蛋

　　看来千算万算，唯一没有算到鹅被盗这件事，看张小飞哭得伤心，可乐经理忙安慰他们说："别伤心了，已经这样了，警察会处理的，不过可能还需要一段时间呢，用非法手段取得不义之财，不会有好下场的，要想让生活更美好，还要提高自己获取金钱的能力，那样带来的钱才会更多，偷盗获取的金钱会害了他的，不过接下来你们怎么打算的呢？"

"哇！呜！鹅啊，我们的鹅没了，什么打算也泡汤了。"张小飞又开始哭鹅了。

"你们有没有打算先借一只鹅，实现你们的投资计划，等下了蛋变成鹅再还回去。"可乐经理提了一个建议。

"哎哟哟，对啊，他山之石，也可以生蛋啊！可是谁会借给我们呢？"听听关小羽这说话都不成逻辑了。

"据我所知，我们学过贷款，您的意思是不是我们可以向您贷款啊，可乐经理。"诸葛小亮的眼睛亮了起来。

"呵呵，不是向我，是向银行，这个也不能称为贷款，因为银行贷款是不能投入股市和基金之类的理财投资领域的，但我们银行有一个专门用来理财的专项账户可以借款给你们，但需要担保人哟，而且这个账户是收利息的，你们将来怎么还呢？"可乐经理有点公事公办

贷款

谁会借钱给我们呢？

第七章 借只鹅来下蛋

的口气。

　　"切，众志成城，只要我们四个人团结起来，一定没问题的，你能给我们担保吗？可乐经理。"刘小备转了下眼珠急切地说道。

　　"担保没问题，我大体给你们先算一笔账，向银行这个理财账户申请资金1万块，每年的利率是6.06%，也就是说一年后要还银行10 606元，而且申请前你们还要先交一部分押金，也就是银行常说的首付大约2 000元，然后你们可以每个月还利息，也可以到最后一起还，如果你们还不上，我这个担保人可要遭殃喽！"可乐经理拿过计算器一溜地按出一串数字。

　　"啊，首付2 000元？"真是一文钱难倒英雄汉，要在家里这也不算什么大数，零用钱凑凑也就差不多了，大不了还可以向父母求援，可是在迷宫里，到哪里去找2 000元呢？

“是我们作出选择的时候了，要渡过眼下的难关，我们只有一个选择，那就是——打工赚首付。”诸葛小亮语气庄重地做了一个决定。

可是我们能做什么呢？平时父母从不让我们接触社会。

“赚钱要把握两个原则：一是帮别人解决难题；二是你能做什么，要是正好是你的兴趣那就更棒了。”可乐经理启发道。

“以前我帮爸妈搬东西，他们会给我增加零花钱，我有力气，可是打工这会很没面子的。”张小飞有些难为情。

“父母帮你们的时候，从来没要你们付过钱，所以我认为帮父母

干活是分内的事儿，但你有力气，干吗不帮KFC送外卖呢？靠自己的劳动赚钱，这怎么会没有面子呢？"

"切，我懂电脑，我可以去网络公司看看。我的技术绝对是骨灰级的。"刘小备也想到了。

"据我所知，我可以做家教，我得过好多比赛的奖励。"诸葛小亮也不愁。

"我，我，我该做什么呢？"关小羽的脸红得像煮熟的大虾。

"我看小羽的脾气特别好，我们银行有好多客户是带着孩子来办业务，可是孩子跑来跑去，搞得他们总是手忙脚乱的，如果你愿意，可以留在我们银行帮我照顾那些客户的孩子。"可乐经理微笑着看着关小羽。

"哎哟哟，我愿意，我一直都是小孩子们的精神领袖呢！"

找到了工作，接下来一段时间，他们分别忙碌了起来，张小飞的脸晒得更黑了，诸葛小亮因为教得好，"学生"都变成三个了，刘小备被电脑公司聘请当了顾问，关小羽则有了很多的小粉丝，好多小朋友非得让爸妈到这家银行来办业务，为的就是和自己崇拜的偶像亲密接触呢。最悠闲的就属曹小操了，只见他衣服天天换名牌，而且每天

都泡在游戏厅里，看到忙碌的他们，还不时地吹上声口哨或者说上两句挖苦的话。

当然，为了心中梦想的鹅，他们才不在乎他呢，虽然很辛苦，但是他们觉得充实快乐，能够用自己的专长来赚钱，他们觉得特别有意义。而且在锻炼中，他们又学到了很多的东西，这些在学校里是永远学不到的。

终于有一天，他们攒够了首付的2 000元，并在可乐经理的帮助下，顺利地拿到了1万元的银行理财资金。在借款合同上摁上手印的那一刻，他们心中充斥着一种说不出的感想。这个手印，不仅代表着一个合同，更代表着他们的责任、承诺和对自己的挑战。

为了避免借来的鹅被盗，这次的银行账户，他们做了明确的分工，诸葛小亮管密码，刘小备签字，关小羽负责记账，当然银行卡还

能愚士卒之耳目，
使之无知；
易其事，
革其谋，
使人无识；
易其居，
迁其途，
使民不得虑。

是放在了张小飞那里。这一次，张小飞可是紧紧地把"鹅"揣在了胸前，还拴了根绳子挂在脖子上，这样恐怕再厉害的小偷也没办法了，而且只有他们四个人到齐才可以共同动用这笔款项。当然喽，这可是诸葛小亮借鉴了《孙子兵法》中那招"能愚士卒之耳目，使之无知；易其事，革其谋，使人无识；易其居，迁其途，使民不得虑"。这招只是用来对付小偷那可纯属大材小用了，不过这点小事也要动用《孙子兵法》，孙武他老人家知道该气得胡子翘老高了，谁让这只鹅对他们太重要了呢。

意思不用说，他们也理解了，要能蒙蔽士卒的视听，使他们对于军事行动毫无所知；变更作战部署，改变原定计划，使人无法识破真相；不时变换驻地，故意迂回前进，使人无从推测意图。这次张小飞把这段话粘在了银行卡上呢！

思 考 题

★ 1. 可乐经理说赚钱的两个原则是什么？你们怎么理解呢？

★ 2. 他们分别掌握银行账户使用的方法有什么好处呢？

第八章
神奇的"七二法则"

破瓮不顾，不为失去的浪费时间

第八章　神奇的"七二法则"

有了钱，他们马上抛开了对原来那只鹅的懊恼，全身心地投入到养鹅的计划中了，这一点很多大人都做不到，往往会对过去无法改变的事情浪费将来的时间。

"'夫未战而庙算胜者，得算多也，未战而庙算不胜者，得算少也。多算胜，少算不胜，而况于无算乎！'面对我们的投资战场，我们要先做个周密的计划，制定出合适的策略。"诸葛小亮没等翻译，就被关小羽打断了。

"当然要算喽，这还用《孙子兵法》告诉我们吗？来，先预测一下我们投资股市每年会有多少收益吧？总得先做个计划，清楚地知道什么时候我们的鹅会变成一只大肥鹅呢？"关小羽拿出了账本开始计算。

"据我所想，反正得超过6%，那是必须滴，要不我们赚的还不够还款呢！"诸葛小亮沉思了一下。

"哇，才6%啊，我还以为我们能很快赚很多钱呢！这样吧，我们定个每年50%的计划，那才过瘾呢？"张小飞一脸的神往。

"嘣"，"哇呀呀"，"干吗敲我脑袋？"张小飞瞪着眼怒视着他们三个人刚刚缩回去的手。

"让你别做白日梦了，我们讨论的是大事，我们不是为了赚钱而赚钱，我们是要在学习中学会赚钱！你老想发财，这和我们的初衷可是跑偏了。"

"你们怎么知道不可能，要是巴菲特在，没准就行。"张小飞揉了揉脑袋不服气地嘟囔着。

"好吧，我们暂定12%，那么一年后我们是11 200元，扣除还款的606元，我们盈利是594元，第二年我们的本金变成10 594元，那么我们的收益是1 271元，第三年，第四年……哎哟哟，好复杂啊！"关小羽看着一本子的数字，理不清头绪了。

"其实不用那么麻烦的，我告诉你们一个神奇的公式，用这个公式你们不用去计算得这么精细，它叫'七二法则'，你们直接用72除以年平均收益率，得到的数字就是这笔钱翻一倍所需要的年数。"可乐经理教了他们一招。

"什么，真的吗？这么说如果我们有12%的利润，72除以12等于6，也就是说，6年后我们的10 000元就会变成20 000元吗？"关小羽找到捷径，一下子在本子上就算了出来。

"也就是说，如果收益到24%，我们用3年的时间就能变成20 000元，如果是36%就2年，如果是72%就1年……哎哟，干吗？谁又敲我头？"张小飞揉着脑袋不高兴了。

大家忍住笑，装作一脸无辜地看了看他，继续听可乐经理讲解"七二法则"。

"不过'七二法则'也可以反过来用，如果通货膨胀率是12%，我们的钱6年后也会贬成现在的一半，目前大约在5%左右，也就是说，如果你不去通过合理的理财使你的钱增长，或者低于5%，那么你的钱每年都在亏损。可是很多人都意识不到这一点，或者说即使知

道也束手无策，所以让财富不贬值的最好办法就是学习理财。"可乐经理补充道。

"原来'七二法则'是双向可用的，真的好神奇呢！"关小羽发现数字原来有这么多的作用。

"通货膨胀，我好像是听过吧，可是我还不太明白，我好像记得我老爸有次锻炼的时候说过一句话，'跑不过刘翔，也要跑过通货膨

第八章 神奇的「七二法则」

65

胀！'"当时刘小备还以为通货膨胀是哪个有名的运动员呢！

这句话可把可乐经理也逗乐了。

"通货膨胀在大多数人的印象中都会被理解为物价上涨速度，简单地说，就是现在花10 000元买的东西，在12％的通货膨胀率下，6年后只能买到5 000元的东西。它会无形中偷走很多人的财富。"可乐经理举了个例子，他们才明白了。

"切，原来通货膨胀不是运动员，是可恶的小偷啊！"刘小备的话又引来了大家的一阵大笑。

可乐经理越来越喜欢这些头脑灵活、好奇好学的孩子了。孩子的天性就是这样的，只要有兴趣，他们就有无限的发挥力和想象力，如果通过更好的引导手段，谁敢说将来他们不会成为数学大师和理财大师呢！

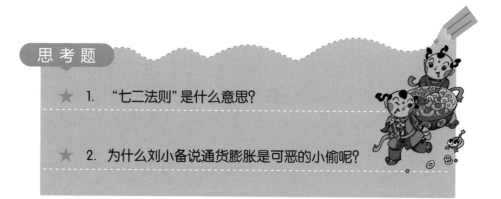

思 考 题

★ 1. "七二法则"是什么意思？

★ 2. 为什么刘小备说通货膨胀是可恶的小偷呢？

第九章

人而无信不知其可也

一言九鼎，不可不重视

第九章　人而无信不知其可也

"有木有人借了银行理财账户的钱不想还了，当然我说的不是我们，可是万一还不上怎么办啊？"拿到了钱，张小飞突然又担心起来了。

"哎哟哟，欠债还钱，天经地义，电影上不是说父债子还吗？如果你还不上，就让你儿子及儿子的儿子的儿子还呗！"关小羽打趣道。

"切，别闹了，这是个很现实的问题，可乐经理给我们做了担保，我们可不能对不起她，是不是？"人在江湖当然要讲义气。

"呵呵，不光我惨了，你们的信誉那就完蛋喽，我们国家早就建

立了征信系统，会记录你们详细的信用情况，如果你们不及时还款，不良记录就会出现在你们每个人的信誉记录上，将来你们申请信用卡啊，或者再贷款什么的，都会受到影响，不光是银行，还包括很多人可就不会轻易相信你们了，最终惨的可不光我呢！"可乐经理不紧不慢地提醒道。

"据我所知，'人而无信不知其可也'，如果我们成了'黑名单'上的不良公民，那可真划不来。我们当然要做到一言九鼎。"诸葛小亮又引经据典了。

为了更好地投资，他们还特意给魏延打了个电话，请教了一些具体的投资问题。当然，魏延的口气还是那样简短急促，不过他们也习惯了，知道他就是这种脾气罢了。

"股东账户有木有？资金账户有木有？银行卡有木有？三方存管账户有木有？钱有木有？股票选了木有？"一迭声质问，诸葛小亮的耳朵里只听到"有木有"在盘旋。

原来这些都是投资股市前必须具备的，在可乐经理的帮助下，他们在最短的时间内把这些手续都办完了。

"木有的也都有了，有的早就有了，现在就是股票木有了，下一步该如何操作呢？魏叔叔。"听着就觉得费劲，虽然这是时下最流行的"咆哮体"。

"股票赚钱来源于两种：一是企业每年利润的分红，二是股票市场上大家对它未来的预期上涨拉升价格后的价格差。建议你们选择你们熟悉的公司进行买卖，提醒你们注意的是，要尽可能地保住本金，长期投资并不是买了股票就等着收益，严格遵守止损，这样贷款的风险会小一些，OK？"魏延这次是和他们说得最多的一次了，虽然还是有些语无伦次。

他们激烈地讨论了半天才消化了魏延的意思，整理出了三条：

第一，买股票要选择自己熟悉的公司。

第二，操作中注意风险及时止损，而且要努力保住本金。

第三，股票投资是长期投资，但也要经常调整。

第一，买股票要选择自己熟悉的公司。

第二，操作中注意风险及时止损，而且要努力保住本金。

第三，股票投资是长期投资，但也要经常调整。

看来理财也和《孙子兵法》中说的一样，要"知彼知己，百战不殆；不知彼而知己，一胜一负；不知彼不知己，每战必败"。无论做什么一定要先做好准备，不打无把握之仗。

熟悉的品种有哪些呢？刘小备提到他打工的网络公司，据说是一家业绩不错的上市公司呢，张小飞挠着脑袋只想到了KFC，关小羽提议买可乐经理所在的银行的股票，当然还有魏延的公司，这些是他们接触过的，看起来更容易一些。不过太多的股票显然不适合他们，因为钱太少了，他们只能算是"小散"呢！

银行股

经过反复斟酌，他们最后选定了银行和网络公司的股票，各买了5 000元的，刚开始银行股可是不急不慢，涨两分跌三分，半天也没看到收益。可是网络股就大不一样了，买入当天，就直线上冲，急得张小飞瞪圆了豹环眼，哇哇直叫，后来干脆就光盯着这个网络股了，嘴里还念念有词："再飞一会，再飞一会，哥们儿，真给力。"还真让张小飞说中了，到下午三点钟，股市停盘了，这个网络股竟然涨停了，也就是说当天上涨了10%呢。股市有个规定，最大涨跌就10%，也就是股民最刺激的称为板了的时候。

"哇呀呀，一天的收益就到10%了呢，这样一年下来，乖个隆东，那得有多少啊，我们明天把银行股卖了，全买成这个网络股，那我们可就发大财了。赚钱原来就是这么简单，相信我，没错的！"张小飞神采飞扬。

这天晚上，梦中的张小飞一直在笑，还不住地说着梦话："鹅，天鹅，好肥的天鹅。"害得他们三个都没有睡好，早上他们三个推了半天也叫不醒他，刘小备揪着他的耳朵，扯了半天，他还不耐烦地闭着眼翻了个身说了句："别打扰我,让梦再飞一会儿,做个好梦容易吗?"

还是诸葛小亮有办法:"哇,开盘了,板了板了。"

一听这话,一个鲤鱼打挺,张小飞一下子就蹦起来了,"板在哪里?"惹得大家哈哈大笑,原来还没到9点,股市还没开盘呢。

等股市开盘,股市没有延续昨天的上涨,一上来竟然指数是绿的,不过他们还不太担心,网络股开盘价比昨天收盘仅低了几分钱,张小飞又开始了"念经"了:"哥们儿,给点力吧,阿门,再板一个。"

似乎听到了张小飞的念经,这只网络股突然冲了上去,可是还没等他们高兴,这只网络股却突然像断了线的风筝一样,掉头就向下

冲去，成交量也突然大增，很明显，是大资金仓皇出逃的样子，这一瞬间就像过山车一样，措手不及。张小飞直接呆住了，最让他崩溃的是，到了收盘，还真板上了，不过是跌停板。

　　整个股票市场上一片绿油油的，就像刘小备的开心农场一样，只不过对他们来说该是伤心农场了。

思考题

★ 1. 魏延提到的投资股市的三条原则是什么？

★ 2. 股市涨停板幅度是多少呢？

第十章
该死的蝴蝶效应

淡然心看待投资涨跌

第十章　该死的蝴蝶效应

淡然心看待投资涨跌

"为什么？！为什么？！为什么？！"一连三个为什么，张小飞抱着头又要哭了。

刘小备粗略地算了一下，刚才这一番下跌，让他们昨天的成果消失殆尽，要是再跌下去，本金也要受损失了。

"这到底是怎么回事啊，谁偷走了我们的鹅啊？"

"我看到网上说是美国有一家知名的网络公司涉及版权问题要打官司，涉及对整个行业规则的质疑，可是这关乎我们这只股票什么事啊，离我们十万八千里呢！"刘小备皱着眉头想不明白。

"难道这就是传说中的蝴蝶效应。"诸葛小亮插了一句。

"什么蝴蝶？什么效应？我讨厌蝴蝶。"张小飞哭丧着脸。

"蝴蝶效应是美国人爱德华·罗伦兹提出来的，原意是一只南美洲亚马逊河流域热带雨林中的蝴蝶，偶尔扇动几下翅膀，可以在两周以后引起美国得克萨斯州的一场龙卷风，看来美国网络公司的这只蝴蝶影响到我们了。"诸葛小亮解释道。

"我们该怎么对付这只可恶的蝴蝶呢？这才是核心的问题啊。现在怎么办啊？"

"我记得巴菲特在操作股市时有三个原则，第一保住本金，第二保住本金，第三……"关小羽拉长了声音。

"快说啊，真是急大夫碰上慢郎中，前两个都是一样的，第三到底是什么啊！"张小飞快疯了。

"第三个原则就是严格遵守前两个，所以我认为我们应该止损了。再拖下去，损失会更大。"

"可是，可是，万一明天会涨回来呢，我们再等等吧！"张小飞实在舍不得，眼神望向一直皱着眉头的诸葛小亮。

"是故胜兵先胜而后求战，败兵先战而后求胜。"诸葛小亮自言自语了一句，不用问，肯定还是《孙子兵法》中的计谋。

"哇，我知道了，现在我们是败兵所以只能后求胜了。"张小飞心疼地连哇呀呀都省略成哇了。

"虽然解释得不对，但大致是那个意思，这句话是说：打胜仗的军队，总是先创造取胜的条件，而后才同敌人作战；打败仗的军队，总是先同敌人作战，而后求侥幸取胜。我想股市变化这么大，面对突发事件，我们要沉住气，先作出周密的安排，谋定后动才行，所以先止损，然后我们再去仔细计较。"诸葛小亮作了一个艰难的决定。

刚卖掉了股票，没想到一会儿这只股票竟然止跌回升了两个多点，四个人闷闷地坐着不说话，尤其是诸葛小亮，脑海中一个劲地反思自己的决定是否草率了一些。张小飞想说什么，看了看诸葛小亮的表情，站起来又坐了回去。

好久没出现的曹小操这时却不失时机地跑了过来，幸灾乐祸地说道："啧啧，又涨了，这股市怎么老欺负笨人呢，看我随手捡了只股票，都疯涨呢，你说涨的怎么就这么好呢？人们常说三个臭皮匠，抵个诸葛亮，哎哟，对不起啊，是我说反了，应该是一个臭皮匠抵三个诸葛亮，哎呀，又错了，到底怎么说来着？"标准一副假痴不癫的样子。

"你说什么风凉话呢！"张小飞恨得牙都痒了，要不是关小羽摁住他，他早就冲上去和曹小操打起来了。

"哎哟，脸都绿了，真配合股票的走势，我送你们个名字，就叫'韭菜合子'吧，团结在一起就像韭菜，经常要割一割呢！"说完这些刻薄话，曹小操旁若无人地吹了声口哨。

"切，有什么了不起的！无所谓，不就是凭着一个有钱的爸爸吗？"刘小备气愤地吐了口唾沫。

"这钱可不是我爸给的。"曹小操平时骄纵惯了，此时自是不甘示弱。

"哇呀呀，那是哪里的，难道是你偷的？"张小飞抓住机会也不饶人。

"你才是小偷呢，我又没拿你们的破卡。"曹小操一说完忽然意识到了什么，扭头走开了。

"他怎么知道我们丢失了卡呢？难道是'此地无银三百两'？"

四个人互相交换了一下眼色，没有说话。

思 考 题

★ 1. 胜而求战和战而求胜有什么区别？

★ 2. 他们为什么一下子想到了"此地无银三百两"这句话？

第十一章

失而复得的鹅

取像于钱，外圆内方

第十一章 失而复得的鹅

"切，我怎么觉得他好像有猫腻呢？"刘小备说出了心中的疑惑。

"我顶，看他的样子就不像个好人，只有做贼的才会心虚！"张小飞向来就看他不顺眼。

"虽然……但是……我们还是不能随便怀疑别人，即使我们不太喜欢他。万一我们犯了'邻人偷斧'的错误就不好了，也不能因为丢了斧头，就看谁都像贼啊。"关小羽有点担心。

"那不如我们来个请君入瓮试一试如何？"诸葛小亮沉思了一会儿说道。

"好啊好啊，如果真的是他，我们就来个瓮中捉鳖，这样说貌似不太……还是叫关门捉贼吧。反正我觉得，拿不义之财的人不会有好下场。"

他们四个人咬着耳朵讨论了半晌，经过几番商量，终于……

话说那厢曹小操也紧张地偷偷往这边瞄，可是因为隔得太远听不清楚他们说的什么，正着急呢！

　　过了一会儿，只见一切像没发生一样，刘小备问张小飞："哇呀呀，我们的卡密码是多少来着？我们去找可乐经理问问下一步的投资方向，这次你可一定得看好我们的鹅啊！"

　　"密码？你忘了吗，当然还是和上次一样呗，放心吧，卡挂在我脖子上呢！"说着还摘下来，摇晃给他们看。尽管张小飞已经压低了声音，可曹小操还是将他脖子上的卡看得一清二楚。

　　"等等我，我也去。"张小飞快步地跟了上去。"啪！"银行卡落地上了，然而张小飞却丝毫没有停下飞奔的脚步。

　　这时，营业大厅内正在办理业务的一个客户看到了，刚要喊住他们，只见曹小操快步走了过来，说了句："不用喊了，我们是一起的，我交给他们吧！"

第十一章　失而复得的鹅

83

"嘿嘿，这下有你好看的了，真是'踏破铁鞋无觅处，得来全不费工夫'啊。"

只见曹小操乐颠颠地来到银行的ATM前，熟练地插入卡片，输入密码，咦？密码竟然错误？

"再输一次试试，1234567，还不对？再试试倒过来输，7654321。"一个声音在背后提醒道。

"谢谢啊，还是不对？难道和上

一张不一样了？坏了，三次输的都不对，机器把卡吞掉了。"曹小操
只顾听着背后"高人"的指点，全神贯注地操作着，忽然猛得一个激
灵，一下子转过身来。

却见背后站着的"高人"们竟然是张小飞他们、可乐经理，还有
一位保安。

"我……我……"吞吞吐吐地说不出个所以然来，只见曹小操满
面通红、手足无措地呆愣在那里。

事情到了这个地步，一切都真相大白了。曹小操此刻也不得不承
认错误，并交出了盗走的银行卡。

"金钱是一个魔法师，在它面前，人会放大自己的本性，当它跟
随着好人的时候，它就会帮助别人，让更多的人幸福；当他变成不

义之财的时候，他会让人不安和恐惧，并且会将人一步步推向犯罪的深渊。你拿到那些不属于你的钱的时候，虽然你用它来打游戏、穿名牌，但我相信你心中并不快乐，曹小操，是这样吗？"可乐经理的一席话让他们五个人都沉思了许久。

此时他们更加深刻地明白了古人所说的"君子爱财，取之有道"这句话的哲理，也清楚地知道了应该如何去看待金钱，事实上这才是在理财学习中最重要的一课。

"高啊，实在是高啊，军师，你这一招用得真是不赖，这会儿是用的《三十六计》还是《孙子兵法》啊？"张小飞有几分崇拜地问道。

"哈哈，《三十六计》，但其实《孙子兵法》里也有类似的啊，'以善动敌者，形之，敌必从之；予之，敌必取之。以利动之，以卒待之。'我们可不就是以小利引诱敌人，以伏兵待机打击敌人的吗？"诸葛小亮扬了扬手中的扇子。

思考题

★ 1. 诸葛小亮他们是如何应用"请君入瓮"和"瓮中捉鳖"这两个计策的？

★ 2. 为什么说金钱是魔法师？

★ 3. 如何正确看待理财中的财富问题？

第十二章
少数服从多数

市场要遵守游戏规则

第十二章　少数服从多数

市场要遵守游戏规则

　　无论如何，找回了丢失的鹅，他们还是觉得挺开心的。不过关于要不要还清借款的问题，他们还是有了一些争执。

　　"我觉得我们的鹅回来了，我们就不要借来的鹅了吧，这样我们就不用付利息了。"关小羽的话得到了张小飞的认同。

　　"切，可是我觉得，我们有两只鹅也没什么不好，可以快速生出小鹅来，那点利息我们只要好好地打理，应该没有什么问题，要是只有一只鹅，它会孤单的。"刘小备和诸葛小亮的观点是一致的。

　　2：2打平，谁也说服不了谁，毕竟这只鹅是大家的共同财产啊！继续争执了一通仍然没有结果，他们只好求助于可乐经理。

"我觉得，你们应该自己作决定，一般这样的情况下，团队中都是要少数服从多数的。"可乐经理也没有给出明确的意见。

　　"哎哟哟，少数服从多数？我们当然同意，可是我们是2比2平啊？怎么少数服从多数啊？"关小羽提醒可乐经理道。

　　"How？如果你们团队再吸纳一个新的成员，以后这类问题不就迎刃而解了吗？"可乐经理充满期待地看着他们。旁边低着头的曹小操也抬起头，非常紧张地望着他们。

　　"据我所知，这个，这个么……"诸葛小亮犹豫了几秒钟，然后说："我同意"。"我也同意"，"好吧"，除了张小飞，其他三人都表了态。大家的目光一致投向张小飞。虽然这次有了差别意见，可张小飞还是不大乐意。

　　"哇呀呀，道不同，不相为谋。他除了知道玩，还知道什么叫理财吗？"张小飞仍然不买账。

"我知道，理财≠发财，需要≠想要，投资≠投机。竖起来就是理财需要投资，发财想要投机。其实这个道理我懂，这也就是我爸不亲自教我，却让我到理财迷宫来锻炼的原因。他想让我学会什么是真正的理财投资，而不是靠投机赚钱。我也知道为什么我老爸有那么多钱，他却并不快乐。"其实曹小操的语文学得非常OK呢。

不管张小飞愿不愿意，3：1的投票还是决定了曹小操的加入。

"我们为我们的组合起个名字吧！那样才响亮，才有震撼力啊！"刘小备提了个议。

这个提议得到了所有人员的一致通过，这次是6：0，可乐经理也表示完全赞同。什么"理财突击队"，什么"神七"，什么"财迷集团"一瞬间全被喊了出来。

"我想到了一个名字，我们就叫F5组合吧，F代表Fortune，意思是财富，也可以翻译成运气，还有时运和命运的意思，我想这个单词代表着我们来到这里的目的，通过理财学习，我们会改变命运，一定会有好的运气和时运的，所以我觉得F5是最好的。"刘小备一股脑讲出了自己想到这个名字的理由。大家默契地鼓起了掌，全票通过了刘小备的提议。

F5：Fortune，意思是财富

"嗯，F是不错，可是5呢，我们才4个人呐！"张小飞依旧装傻地问道。一听这话，曹小操的笑容一下子僵住了，眼神里充满了焦急、失望和期待，想说点什么，可话到嘴边又硬生生地憋了回去。

"笨啊，你数学太差了，你再数一下。"关小羽偷偷踢了张小飞一脚。

"哆——诸葛小亮，来——刘小备，咪——关小羽，发——发呢？"张小飞的手指快速地清点着人数。

随着张小飞的手指指向，曹小操不停地挪着身体，可是张小飞偏偏不指向他。他一下子呆在那里，嘴巴紧闭，神情非常的沮丧，眼泪在眼眶里直打转。

"发——曹小操，嗦——张小飞，嘿！原来我忘记数上我自己了。"张小飞拍了一下自己的脑门恍然大悟一样。只见曹小操终于松了一口气，眼泪都流出来了，不过笑容却很开心。

F5组合就这样诞生了，真是一件值得庆贺的事情啊！

思考题

★ 1. F5代表什么意思？

★ 2. 如何理解少数服从多数？同学们在生活中有应用的例子吗？

★ 3. 为什么曹小操说理财需要投资，发财想要投机呢？

第十三章
懒人投资术

顺势而为，与时俱进

第十三章　懒人投资术

顺势而为，与时俱进

有了F5组合，鹅的命运就遵从多数人的意见了，由于曹小操也认为两只鹅要比一只鹅长得更快，何况在通货膨胀率这么高的时候，借钱来投资还是比较划算的，所以事不宜迟，他们决定还是要在股市中搏一把，但这次他们选择了基金，主要理由有三：一是分散投资；二是让别人为自己打工；三是进出灵活。

当然，投资前还是要先做"功课"的，不能打无把握之仗，翻开理财乐园里陆逊讲到的选基原则，又重新温习了一遍。还有一个问题不能省略，那就是要先在银行开通基金账户，并与银行卡关联在一起，这是小事一件。

1. 选基金要适合自己的年龄和心理承受力。

2. 新老基金选择的时候要看市场情况，当市场处于上涨期间时，选老基金；当市场处于下跌趋势中，可以考虑新基金。当然有句话说'选时不如选势'，要看大环境的走势。

3. 与时俱进，与势俱进，如果经济环境变化了，要调整债券基金和股票基金的比例，做一个组合投资。

4. 贱钱无好货，有时也是有道理的，不要图便宜一味选择一些净

值低的，关键还是要看基金的潜力和成长性。

　　5. 最重要的是选择一个放心的基金公司和有责任心的基金经理。

　　"选时不如选势"，这句话很有些深意呢！我记得《孙子兵法》也说过类似的一句话，"'激水之势，至于漂石者，势也；鸷鸟之疾，至于毁折者，节也。'难道陆逊经理也读过《孙子兵法》吗？"诸葛小亮灵活运用兵法的能力真是越来越炉火纯青了呢。

　　"这句话的意思是说：湍急的流水之所以能漂动大石头，是因为有使它产生巨大冲击力的势能；猛禽搏击雀鸟，是因为它掌握了最有利于爆发冲击力的时空位置，节奏迅猛。所以善于作战的人，他的态势是险峻的，进攻的节奏是短促而有力的。如果基金经理用上这句话，在市场的有利时机找准机会和点位，一定能取得很大的收益的。"看张小飞还是有些不懂，诸葛小亮又进一步解释道。

"哇，老祖宗不光会打仗，要是活在当下，炒股那肯定也是一等一的高手。"张小飞对孙武崇拜极了，中国文化中蕴藏的智慧真的是博大精深呢！看来文言文还是非常有必要好好学学的呢！

关小羽还整理出了备选基金的这几年收益和走势情况，并与股市大盘作了比较，经过详细的分析，他们选了两只基金，分别将两只鹅的50%投入了进去。

然而接下来，基金并没有像预想中地高涨，这不免让他们等得有些心焦了，不过他们也知道基金是要选择一个长期的持有时间才会有明显的收益，暂时的下跌对于他们选择长期投资来说可以完全不用理会。

不过，后来这两只基金的收益却出现了明显的差别，经过了解，原来有一只基金的投资经理跳槽了，导致业绩下滑，甚至还出现亏损，而这时F5恰好需要作另一项投资，大家决定卖掉一只，可是在卖掉哪只的问题上还是有了不同的意见。

"哎哟，将来亏的还有机会涨回来，我们先把赚钱的卖掉，这叫提成利润。"关小羽、张小飞、刘小备意见一致。

"不对，我记得我老爸说过，留下好的才会有机会翻身。"曹小操说得声音很小，但诸葛小亮的意见也是这样的，所以他们展开了激烈的辩论。

"甲方，请问如果你有两个店，一个亏损、一个赚钱，你要用钱的时候会卖掉哪一个？"诸葛小亮首先发问。

"当然是不赚钱的喽！"张小飞一口答道。

"再问甲方，如果有两只鹅，一个下蛋，一个不下蛋，你会卖掉哪只鹅？"

"当然是不下蛋的喽！"关小羽也没思索。

"三问甲方，如果你在悬崖上，绳子向上拉你，你却背着很重的装备，你会怎么做？"

"切，扔掉包袱，保全自己。"刘小备眉头也没皱。

"那么，两只基金，一个亏损，一个赚钱，应该选择哪一个？"

"扔掉不赚钱的喽！"他们三个齐声答道。这不就结了吗，不过这次是多数最终服从了少数呢！

鹅账户上剩下的钱不多了，这些零钱太少了，还能放到基金里吗？

"其实基金还有一种投资方式你们听说过吗？叫做懒人投资术，也叫做基金定投，它是类似于银行零存整取的一种基金理财业务，即可以和银行约定一段时间，以固定的金额，通过银行账户自动扣款，具有投资成本低（最低可以100元）、积少成多、手续方便、平均摊薄投资成本、降低投资风险等优点，因此素有'懒人投资法'的称谓。"可乐经理看他们每天盯着基金走势太累了便提醒道，不过倒也能理解他们的心情。

"哇，基金经理不会偷偷把我们的钱弄走了吧？"突然张小飞想到了一个问题，听到这话，曹小操的脸不由自主地红了一下。

"不会的，放心吧，基金经理只负责操作，是不能直接接触钱的，钱都是放在银行里保管的。我们基金账户通过银行开立，银行会对这笔钱的用途负责管理的。"可乐经理看到曹小操的窘态，把那句"一朝被蛇咬，十年怕井绳"的俗语咽了回去。

思 考 题

★ 1. 选择基金的五条原则是什么？

★ 2. 为何基金定投被称为懒人投资术？

★ 3. 激水之势，至于漂石者，势也；鸷鸟之疾，至于毁折者，节也。你能举出生活中应用这句话的例子吗？

第十四章
FN 的梦想

梦想成就未来

第十四章　FN的梦想

梦想成就未来

　　日子一天天过去了，迷宫里秋蝉的声音提醒着夏天就要过去了，待在迷宫的日子，他们乐不思蜀，在黄金、期权、期货等市场上做过了大大小小的操作，那种感觉，用张小飞的话来说，就是太刺激了，简直就像是游乐园一样，他形象地比喻期权和期货都像探空飞梭，忽上忽下，让人在恐惧和刺激中充满期待。

　　只是夏令营很快就要结束了，要不是可乐经理提醒他们，他们早都忘记了。这一段时间的经历，让他们改变了很多，他们明白了父母工作的不易，了解了投资市场的动荡和变换，更确定了未来在自己手中的道理。而曹小操，第一次收获了友谊，认识到了自己以前的肤浅和自以为是，真正让人敬佩的不是有个有钱的老爸，而是自己要有能力。

　　关小羽逐渐养成了每天记账的良好习惯，并且作出了很多的数据分析，数学原来并不是那么枯燥的。刘小备在网上查阅了很多资料，网络的吸引力真是强大，因为它能包罗万象，这也让他再也无暇打游戏了，再说了，还有比游戏更好玩的"游戏"——如何养鹅呢。诸葛小亮依然是摇着羽毛扇的军师，他不仅把《孙子兵法》和《三十六

计》透彻地熟读了，而且用在"养鹅"上也颇有心得，看到鹅在一天天长大，他们的心中充满了成功的喜悦。

这一天，可乐经理来到他们中间说："孩子们，我想请你们帮我一个忙，实现我一直以来的一个心愿。"

"到底是什么呢？""让我们帮忙，那当然是责无旁贷喽。""您的事情就是我们的事情嘛！"大家七嘴八舌地催促道。

"一直以来，我们都有一个理想，就是想让更多的人学习理财知识。虽然钱不是一个人生活的全部，但是通过理财去让钱变得更多的同时，生活也会变得更加美好。因此我希望你们能帮我们让更多的人

知道理财并不是一件多么困难的事情，在国外，好多的小孩子像你们一样，从小就去学习理财，但在中国目前还做不到，我们一直希望学校里能开设理财这门课程，你们愿意把你们自己的真实体会讲给更多的人听，让F5变成FN吗？"可乐经理非常动情地说了这样一番话。

刹那间，他们感觉到了自己身上的责任和重担。是啊，自从来到理财乐园，生活变得多么有意思啊？钱只是一串数字，关键是数字背后那份投资和期待的乐趣。

"可是我们该怎么做呢？可乐阿姨，我们听您的，我知道您和乐园里那么多的人都在为我们这一代人补上缺失的理财课而努力，我们会用我们的知识去帮助更多的人的。"

"明天将有一场演讲会，会有好多的老师和同学来听，他们想分享你们的感受，你们愿意吗？"

"啊？我还从来没有在众人面前演讲过，我可不敢。""我也没有"。"我也害怕"。

"如果不去尝试，你们就永远不知道自己能行。其实看起来很艰难的事，只要真正去做了，你就会发现困难其实就是只纸老虎。你们是最有战斗力的F5啊！"可乐经理不停地给他们打气。

第二天一大早，大家都早早起床了，唯独不见张小飞。他去哪里了呢？眼尖的曹小操发现花园里一个摇头晃脑，嘴里还叽哩呱啦不停

念叨着的人，可不正是"哇呀呀"么，正抱着诸葛小亮的扇子看得入神呢。

"嘘，我们听听他念什么，最近几天我观察到他天天早起念经呢！"曹小操踮着脚尖，带领大家蹑手蹑脚地来到张小飞背后。

原来，张小飞竟然在看扇子上的《孙子兵法》呢，要知道他可是最个喜欢文言文的了。

"之乎者也，不过如此了了也！唉，《孙子兵法》中哪一章是讲如何不紧张的呢？"张小飞喃喃自语。

哈哈！大家忍不住大笑了起来，吓了张小飞一跳。"哎哟！哎哟！"关小羽捂着肚子指着张小飞，这次真的是笑得肚子疼了。

"还是用这一章吧，'用兵之法，无恃其不来，恃吾有以待也；

无恃期不攻，恃吾有所不可攻也。'"诸葛小亮随口念了出来。

"哇，也就是说要相信自己喽！"张小飞经过这段时间的耳濡目染，已经能够听懂文言文了。

思 考 题

★ 1. 可乐经理请F5帮什么忙呢？

★ 2.《孙子兵法》里能找到让人不紧张的方法吗？

★ 3. 为什么困难会变成纸老虎呢？

第十五章
F5 组合的演讲

我思故我在，我能当然行

第十五章　F5组合的演讲

我思故我在，我能当然行

　　尽管下定了决心，可是在走向演讲会场的路上，他们还是有些紧张。张小飞的腿都有些抖抖的了，连平时最镇定的诸葛小亮也捂着胸口，那里一直在怦怦乱跳呢。

　　走进会场，那里人山人海，迎接他们的掌声中还夹杂着呼喊声。在那些热情的面孔中，他们看到了爸爸妈妈和理财乐园里传授给他们理财知识的老师的笑容，最让他们开心的是还看到了小乔老师，这让

他们信心倍增。

聚光灯打过来了，台下一下子安静了下来，该从哪里开始呢？五双握在一起的手都渗满了汗水。

就在这个时候，可乐阿姨端了六罐可乐走上台来，他们思绪一下子都回到了初进迷宫的第一天。

"让我们就从第六罐可乐的故事开始讲吧！"

"为了得到第六罐可乐，我们知道了在这个世界上，要有团队合作精神，只有合作才会有更大的收获，所以我们从F4变成了现在的F5，将来我们还会变成FN的。"

"从卖给光头乐队的梳子里，我们知道世界上有很多不可能的事情会变成可能，只要用心去思考，就一定会有办法的。"

"我们养过一只鹅，当然它不是用来吃的，后来鹅暂时丢失了，我们打工赚到了首付，又向可乐阿姨借来了一只鹅，鹅回来的时候，我们变成了F5，我们的团队少数服从多数，我们学会配合，后来，我们在理财迷宫里经历过比游乐园更刺激的游戏，并让我们的鹅变肥了。还有那本带给我们启发的《孙子兵法》和最最可爱的小乔老师和可乐阿姨，是她们，在我们困难和不知所措的时候为我们指点迷津、指明方向。我们知道，不光投资的过程需要选择，人生也需要选择。虽然选择会伴随痛苦和压力，但是更多的却是收获。"

掌声一次次地响起，台下的小乔老师竖起了V的手势，讲完最后一句话，掌声如潮水涌来，那种感觉真是不同寻常。走上台来的爸爸妈妈将他们拥入怀中，他们真的长大了。

"孩子们，我为你们骄傲，你们讲得太精彩了，我建议你们把你们在乐园和迷宫的故事写下来，留给将来的FN们看，我相信一定会更棒，会有很多孩子从你们的经历中学习到理财知识和技能的。"小乔老师笑起来真的好美啊！

"真的吗？我们能行吗？我的语文学得好差啊！"

"我也从来没写过这么长的作文呢？"

"《孙子兵法》和《三十六计》我也只懂个皮毛啊！我们要是写的话起个什么题目呢！"F5们七嘴八舌，兴奋中带着迫不及待。

"相信自己，你们真的很了不起，你们做到了我们一直想做而没有做到的事情，谢谢你们！"可乐阿姨眼中竟然盈满了喜悦的泪水。

"我看，你们就写一部《快乐理财兵法》吧！"可乐阿姨与小乔老师相视一笑！望着站在一起开心笑着的、美丽的小乔老师和可乐阿姨，五个孩子突然发现了一个秘密，原来她俩长得居然非常相像呢！

可乐阿姨看穿了他们的心思，说："你们这些调皮鬼，可乐的名

字是你们给我起的，其实呢，我真正的名字是大乔，是你们小乔老师的姐姐，是她让我来帮助你们的，不过'可乐'这个名字也蛮好听滴！"

原来是这样啊！怪不得可乐阿姨的身份总是变来变去的呢！

思考题

★ 1. 不给自己压力永远不知道自己的能力，这是什么意思？

★ 2. F5他们的成功演讲对同学们有什么启发吗？

第十六章
打开财富宝藏的密码

天道酬勤，细节决定成败

第十六章　打开财富宝藏的密码

开学的日子临近了，作完这场演讲，他们也即将离开迷宫了，至于他们进迷宫时向往的宝藏，他们相约留待明年的夏令营再来寻找，有了自信、知识、团结，还有什么难题是他们无法应对的呢？

不过，他们也意外收获了一笔很大的"外快"，可乐阿姨给他们的理财账户上追加了一笔数目不菲的投资，而且这次是不需要付利息的，那只鹅真的变得好胖好胖了，至于是多少，那可是个秘密了。

F5也制订了一个计划，他们将50％的资金继续投资在鹅账户上，让鹅变得更大更多，40％用来投资在学习上。他们知道理财可不是单

纯的数字，它包含的内容太多了，他们从来没像现在一样渴望获得更多有用的知识。还有10％，张小飞忍不住了。

"哇呀呀，留下的10％，我们可以当零花钱，我好久都没有吃KFC、冰激凌、比萨、米线……"张小飞说起吃的来，总是刹不住车。

"你呀！光知道吃了，我还答应老爸给他买游戏卡呢，不过现在我觉得最刺激的游戏就是将来再来迷宫寻宝喽！"刘小备插了一句。

"10％那可不是个小数目呢，我有个提议，我们也可以捐出一部分给理财账户，让更多的同学参加到迷宫的活动中来，或者每年拿出一部分收益来帮助那些上不起学的孩子，我觉得我们学会理财的目的

是要帮助需要帮助的人呢。"诸葛小亮不愧是军师。

这个提议得到了大家的赞同，要知道将来F5正向FN转变，那是一件多么让人期待和激动的事情啊！

几个月过后，他们合作写出的《快乐理财兵法》也出稿了，尽管写得不够完美，但是他们的经历让越来越多的家长和老师正在改变对孩子教育的态度。越来越多的孩子也开始学习他们理财的方法，现在F5可是小明星了呢，经常会有"粉丝"向他们请教，而且这里面还有不少的大人呢？相信总有一天，财富宝藏的大门会在他们面前打开，那又将是一个怎样的神奇世界呢？

附录

股票：是一种有价证券，是股份公司在筹集资本时向出资人公开或私下发行的、用以证明出资人的股本身份和权利，并根据持有人所持有的股份数享有权益和承担义务的凭证。

基金：基金（Fund）有广义和狭义之分。从广义上说，基金是指为了某种目的而设立的具有一定数量的资金。例如信托投资基金、单位信托基金、公积金、保险基金、退休基金以及各种基金会的基金等。在现有的证券市场上的基金，包括封闭式基金和开放式基金，具有收益性功能和增值潜能的特点。从会计角度透析，基金是一个狭义的概念，意指具有特定目的和用途的资金。因为政府和事业单位的出资者不要求投资回报和投资收回，但要求按法律规定或出资者的意愿将资金用在指定的用途上，从而形成了基金。

基金定投：基金定投是定期定额投资基金的简称，是指在固定的时间，以固定的金额，投资到指定的开放式基金中，类似于银行的零存整取方式。这样投资可以平均成本、分散风险，比较适合进行长期投资。

通货膨胀：通货膨胀(Inflation)指在纸币流通条件下，因货币供给大于货币实际需求，也即现实购买力大于产出供给，导致货币贬值，而引起的一段时间内物价持续而普遍地上涨现象。其实质是社会总需求大于社会总供给（供远小于求）。

CPI：消费者物价指数(Consumer Price Index)，英文缩写为CPI，是反映与居民生活有关的商品及劳务价格统计出来的物价变动指标，通常作为观察通货膨胀水平的重要指标。一般说来当CPI>3％的增幅时我们称为通货膨胀；而当CPI>5％的增幅时，我们把它称为严重的通货膨胀。

复利：复利的计算是对本金及其产生的利息一并计算，也就是利上有利。

七二法则：所谓"七二法则"，就是一笔投资不拿回利息，利滚利，本金增值一倍所需的时间为72除以该投资年均回报率的商数。例如你投资30万元在一只每年平均报酬率为12％的基金上，约需6年（72除以年报酬率，亦即以72除以12）本金就可以增值1倍，变成60万元；如果基金的年均回报率为8％，则本金翻番需要9年时间。

有效证件：有效证件通常指县级以上政府执法部门颁发的可以证明自然人和法人身份的证件。银行认可的有效证件一般是指居民身份证、护照、户口本、港澳通行证等。

个人征信系统：个人征信系统又称消费者信用信息系统，主要为消费信贷机构提供个人信用分析产品。随着客户要求的提高，个人征信系统的数据已经不局限于信用记录等传统运营范畴，注意力逐渐转到提供社会综合数据服务的业务领域中来。个人征信系统含有广泛而精确的消费者信息，可以解决顾客信息量不足对企业市场营销的约束，帮助企业以最有效的、最经济的方式接触到自己的目标客户，因而具有极高的市场价值，个人征信系统应用也扩展到直销和零售等领域。在美国，个人征信机构的利润有1/3是来自直销或数据库营销，个人征信系统已被广泛运用到企业的营销活动中。

三方存管：三方为投资者、券商、银行。"第三方存管"是指证券公司客户证券交易结算资金交由银行存管，由存管银行按照法律、法规的要求，负责客户资金的存取与资金交收，证券交易操作保持不变。

后记

写完了快乐理财系列，又似乎还有很多的东西还没写完，以后的日子里，那些后三国可爱又好学的F5会做些什么呢？等明年真正的理财夏令营举办的时候，也许会再看到他们的影子，他们能找到打开财富宝藏的密码吗？

在写作的过程中，再一次审视自己作为CFP从业人士的社会责任，理财的目的不是为了财富数字的累积，而是让我们生活得更幸福，就像小乔老师和可乐阿姨告诉我们的，理财不是目的，我们理财的目标是生活得更快乐、更自信、更自在，通过理财让自己有能力帮助那些需要帮助的人。

希望家长们能改变对金钱的排斥，金钱本身有什么错呢？为什么要用错误的理财观念教育孩子，他们有天赋，也不会像我们想象的那样，变成只认钱的守财奴，而是在获取财富的过程中，认识到了合作的重要性，认识到了钱多真正的意义是在于让人生过得更幸福、更睿智。

曾经，他们的大手大脚、不知柴米贵让我们犯愁，而现在他们有了自己的目标，有了自己的理想，反而是我们该反思我们之前教育的不当。当然，他们在亲自获取财富的过程中已经意识到财富本身并不能带来快乐，但财富会让人变得快乐，关键的一点是看管理财富的人的心态。

人总会有失败，也会有犯错的时候，失败并不可怕，没有压力就永远不知道人有多大的潜能。相信自己是多么的重要。

迷宫充满了诱惑，但这种诱惑是正面的，当他们走上社会，他们将更有力量去吸收正面的东西，拒绝不良的诱惑，"因材施教"其实也可以"因财施教"的。他们在这里知道了责任，将学习变成了一种主动和兴趣，永远不要低估他们的创造和学习的能力，那些未知的领域有待于他们继续去探索。

不要惧怕风险，让孩子们在实践中学习，虽然实践中会有风险的打击，但是没有经历过风雨锤炼的孩子是无法在将来的社会立足的，市场是公平竞争的地域，最终留下来的将会是优胜劣汰后的强者！

人生最大的财富是生命，最好的理财方法就是学习！

编后记

满怀欣喜和憧憬，《中小学生金融知识普及丛书》带着浓浓的墨香终于和大家见面了。这是一套承载社会责任、宣传金融知识的科普读物。

1991年春天，邓小平同志提出了"金融很重要，是现代经济的核心。金融搞好了，一着棋活，全盘皆活"的著名论断。这一论断精辟地说明了金融在现代经济生活中的重要地位，深刻揭示了金融在我国改革开放和现代化建设全局中的重要作用。我国改革开放的巨大成功也全面地诠释了邓小平同志的英明论断。

近几年来，发端于美国次贷危机的全球金融危机，说明过度的金融创新会严重扰乱经济安全和社会政治稳定。但另一方面，我国金融创新不足也不适应市场经济的发展。基于这些认识，潍坊市人民政府原副市长刘伟同志提出编写一套中小学生金融知识普及丛书，旨在从金融教育入手，培养金融人才，推动金融发展。潍坊市金融学会承担了这一任务，历时两年多，终于结集成书。

在丛书出版之际，我代表编委会特别感谢原国务委员、第十届全国政协副主席李贵鲜同志，他欣然为丛书题词，这是我们莫大的荣幸。特别感谢中国人民银行济南分行党委书记、行长杨子强同志，他在百忙中专门为丛书撰写了序言。同时还感谢中国金融出版社对丛书编写给予的宝贵指导和为丛书出版所付出的辛勤劳动。

总编　刘福毅

二〇一二年六月